5岁开始学编程

[日]桥爪香织 [日]谷内正裕 著

王晓东 译

童趣出版有限公司编译 人民邮电出版社出版

北 京

图书在版编目（CIP）数据

5岁开始学编程 /（日）桥爪香织，（日）谷内正裕著；童趣出版有限公司编译；王晓东译. -- 北京 ：人民邮电出版社，2021.1
　　ISBN 978-7-115-54631-9

Ⅰ．①5… Ⅱ．①桥… ②谷… ③童… ④王… Ⅲ．①程序设计－儿童读物 Ⅳ．①TP311.1-49

中国版本图书馆CIP数据核字(2020)第147818号

著作权合同登记号 图字：01-2019-7911

5 SAI KARA HAJIMERU SUKUSUKU PROGRAMMING written by Kaori Hashizume, Masahiro Yachi, Kazuhiro Abe
Copyright © 2014 by Kaori Hashizume, Masahiro Taniuchi, Kazuhiro Abe.
All rights reserved.
Originally published in Japan by Nikkei Business Publications, Inc.
This Simplified Chinese edition was published by Children's Fun Publishing Co., Ltd. in 2020 by arrangement with Nikkei Business Publications, Inc. through Qiantaiyang Cultural Development (Beijing) Co., Ltd.

著　　 ：[日]桥爪香织　[日]谷内正裕
译　　 ：王晓东

责任编辑：付莉莉
责任印制：李晓敏
封面设计：刘　丹
排版制作：刘晓丽

编　译：童趣出版有限公司
出　版：人民邮电出版社
地　址：北京市丰台区成寿寺路 11 号邮电出版大厦（100164）
网　址：www.childrenfun.com.cn

读者热线：010-81054177
经销电话：010-81054120

印　刷：北京瑞禾彩色印刷有限公司
开　本：787 × 1092　1/16
印　张：7.75
字　数：133 千字
版　次：2021 年 1 月第 1 版 2021 年 1 月第 1 次印刷
书　号：ISBN 978-7-115-54631-9
定　价：58.00 元

前 言

今天，你想创造什么？

此刻，你在想象什么？

想象一下梦中的世界，里面有许多小伙伴。

现在，试着建造你的专属世界吧，让小伙伴们在里面玩耍。

麻省理工学院媒体实验室
米切尔·雷斯尼克

目 录

开始玩 ScratchJr 吧

猫猫

你好啊！

我的名字叫猫猫。

我 5 岁了，是女孩子，在上幼儿园。

我家有 4 口人，温柔的爸爸、超级爱说话的妈妈、常常制作一些有趣东西的哥哥和我。

我最喜欢做的事情是和好朋友在外面玩耍、画画、读故事书，还有创作故事。

很高兴认识你！

今天下雨了，不能去外面玩。

猫猫在家里画画。

 这样画一笔,那样画一笔……
小鸟画好啦!
涂上颜色。
用剪刀剪下来,
粘在一次性筷子上。
妈妈,快来看!
"早上好,我叫吱吱! 我现
在要郊游去啦!"

哎呀,这是新做的
纸偶吗? 很可爱呢!

3

猫猫小朋友在画画的时候特别开心。

你也在下面画出自己喜欢的图案，并涂上颜色吧！

彩色铅笔、蜡笔，用什么画都可以。

画画环节

哈哈,好开心啊!雨还在下呢。
现在玩什么好呢?

当当当当当当——! !

少年

嘿,你好呀!我是少年。
我是从远方的星球来地球玩的。

哇!

我来看一下地球上的小朋友都在玩什么,然后发现了猫猫小朋友!猫猫,你知道 ScratchJr 吗?

ScratchJr?那是什么?我不知道。

ScratchJr 很厉害的,用 ScratchJr 可以自己创作游戏、绘本和动画片。它在我的星球很流行。我的星球上的小朋友都会用 ScratchJr 创作游戏、绘本和动画片。

啊?真的吗?那么,可以用 ScratchJr 创作小故事和游戏,让我刚才画的小鸟出现在里面吗?

当然啦!我们一起创作看看?

嗯!我想试试。

玩 ScratchJr 需要准备什么

准备 iPad

玩 ScratchJr 需要 iPad。

iPad 是什么？

是这个东西！你见过吗？

 啊，我知道！我爸爸妈妈用这个东西。妈妈总是用它搜索食谱。我有时候会玩里面的涂颜色的应用*。

你知道"应用"这个词啊？那就简单啦。ScratchJr 也是适合 iPad 的应用。如果想在 iPad 里使用一个应用，需要先安装这个应用。

词语说明：安装

　　有一个像商场一样的地方，里面有很多应用。使用互联网，把需要的应用从这个像商场一样的地方拿出来，放进 iPad 里，就安装好了。

要想安装应用，需要有 iPad。猫猫的爸爸或者妈妈就有。

 我去拜托妈妈帮我把 ScratchJr 安装到 iPad 里！

猫猫去拜托妈妈了。

你也去拜托家人帮忙吧。

 # 玩耍时的约定

玩 ScratchJr 和使用 iPad 时需要遵守如下约定：

- 不要自己随便下载或安装应用。

- 连接到互联网的时候，爸爸妈妈说可以看的网站，才可以看哟。

- 要在明亮的房间里，保持正确的坐姿。

- 每过 30 分钟，一定要休息一会儿。

- 创作完成的作品，记得给家人或者朋友看看哟。

- iPad 有点儿大，还有点儿重，注意不要掉到地上。如果掉到地上了，

  可能会摔坏 iPad。

- 不要把 iPad 弄湿，会弄坏 iPad 的。

词语说明：**互联网**

　　看动画片、搜索信息、发送照片和邮件、下载应用的时候通常会用到互联网。使用互联网就像打电话一样，需要花钱。

ScratchJr 最初的界面

 少年！
妈妈帮我安装了 ScratchJr！

太棒啦！
那我们开始玩ScratchJr吧！

在 iPad 的应用里，点击 ，打开 ScratchJr 应用。

点击这里

打开后，会出现上面这个界面，点击 。

词语说明：点击　按钮　图标

　　应用里有一些"图案"，用手指轻轻碰一下，叫作"**点击**"。

　　可以点击的"图案"，叫作"**按钮**"或者"**图标**"。

点击之后，打开了一个界面。

这个界面展示着你的作品。

在 ScratchJr 里，被称为"项目"。

猫猫一个项目都还没有创建，所以她的"我的项目"界面是这样的。

我的"我的项目"界面是这样的。

我创建过 6 个项目，在这里可以看到它们的图案和名字。

　　点击 ?，可以了解ScratchJr如何快速入门。点击 ，可以了解ScratchJr的更多相关信息。点击 ，可以选择使用哪种语言，通常我们使用简体中文。

　　这时如果想回到"我的项目"界面，点击 。

　　如果想创建新的项目，点击 。会打开什么样子的界面呢？

我的项目　　　　　　　　　　　　　　　准备新建项目

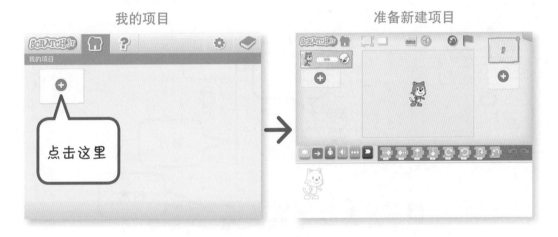

点击这里

　　关于新建项目，接下来会详细说哟！

让小猫动起来吧

项目界面

在"我的项目"界面，点击 ，会打开下面这个界面。这个界面叫作"项目界面"。

项目界面

 白色方框里，有一只可爱的橙色小猫。

这个白色方框叫作"舞台"。
猫猫，你在幼儿园表演过情景剧吗？

 我在幼儿园的汇报演出上表演过《拔萝卜》里面的老奶奶。

 "舞台"就像情景剧的舞台一样。ScratchJr 的"舞台"上有"角色"，就像刚才界面里的 🐱。这个小猫角色就像是情景剧里的演员。就像你表演的老奶奶角色一样，要说台词，还要做出拔萝卜的动作。

 对对，老师给我们写的剧本里有台词和动作。

 在 ScratchJr 里，把剧本叫作"脚本"。如果想制作脚本，就要用到"项目界面"里的"积木"。

 有点儿像拼图。我的幼儿园里有这样的玩具。

 积木相当于情景剧的剧本里的台词和动作。积木可以决定舞台上的角色的台词、动作和形象。把各种积木拖动并放置在"脚本区域"，然后组合起来，脚本就完成了。

iPad 不支持多点操作（两根或两根以上手指同时操作）。孩子在点击、拖动并放置的时候，如果多根手指同时碰到界面，就会出现问题。在孩子玩的过程中，记得提醒孩子"只能用一根手指碰界面哟"。

词语说明：拖动并放置

用一根手指按住积木不要松开，然后把手指移到想放积木的地方。积木会跟随手指移动，被放置在手指松开的地方。这就叫作"拖动并放置"。

 出现了好多难懂的词语啊……

没关系的，实际动手操作一下，马上就会明白的！

拖动并放置

用手指按住不要松开　　　　移动手指　　　　松开手指

⭐ 在界面上移动

点击项目界面上方的 看看。

哇，舞台变成网了！
刚才点击的按钮也变成 了。

这是"网络模式"，可以让我们更清楚地看到角色在舞台的位置。
现在小猫角色的位置是：从舞台左下角的数字"1"开始数，横向 ⑪，纵向 ⑧ 。

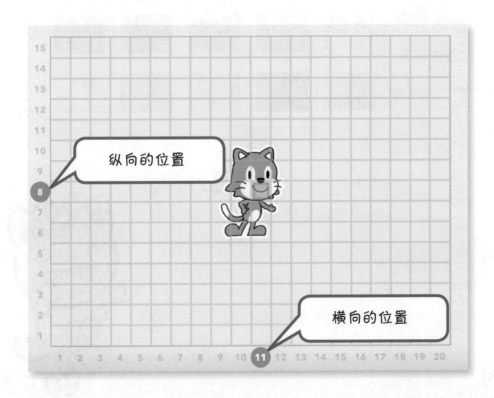

纵向的位置

横向的位置

接下来，想要营造出情景剧的气氛，点击 看看。

 哇！有好多图片！

在这个界面中，可以选择舞台的背景。
白色的背景有点儿无聊。

然后，点击这里

首先，点击这里

点击这些图片中的 ，
然后点击 ✔。

 舞台的背景变了！

接下来，我们让小猫动起来吧！

 好期待啊！

从一排蓝色的积木中，拖出 并放置在脚本区域。放好后点击这个积木看看。

如果蓝色积木隐藏了，点击这个按钮，蓝色积木就会出现

拖动并放置

放到这里，然后点击它

 喵！
舞台上的小猫动了！

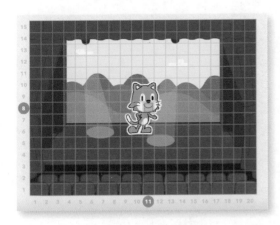

从 11 到 12

 你发现了吗？小猫下方的数字从 11 变成了 12。

● 对家长说的话

　　当角色初次登上舞台时，角色的"初　　拖动角色，那么拖动到的位置又成为"初
始位置"是横向 11、纵向 8。如果后来　　始位置"。

 中的 1 表示的是小猫向右移动 1 步，对吗？

刚才，使用了向右移动 1 步的积木，所以小猫从初始位置移动到这里了。

 对，是这样的。

这些蓝色的积木上都有箭头呢。

所以，蓝色的积木是让角色在舞台上移动的积木吧？

猫猫好棒啊！就是这样的！那么，现在让小猫向右移动更多步吧。

在移动之前，让小猫回到初始位置。

点击舞台右上方的 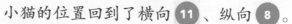 。

小猫的位置回到了横向  11 、纵向 8 。

 按钮，让角色回到初始位置。

接下来，如果想让小猫角色向右移动更多步，你会怎么做呢？

啊，我已经做好啦！这样可以吗？

我把 8 个积木都连起来了！好啦，我要点击啦！

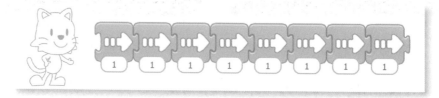

 猫猫的脚本很棒哟。

● 对家长说的话

在连接积木的时候，需要拖动积木，靠近想要连接的另一个积木，然后会出现阴影，如右图所示。这时松开手指，积木会像磁铁一样吸在一起。请告诉孩子"连接到一起的时候会看到阴影哟"。

猫猫刚才有点儿紧张，这次很大胆哟。

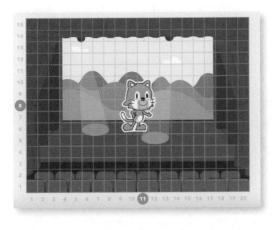
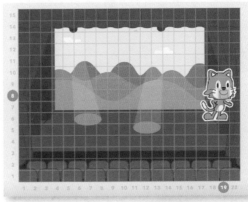

移动到舞台的右边了！

格子横向的数字有什么变化吗？

从 11 开始，到 19 停下了。

那数一下格子的数量吧。

12，13，14，15，16，17，18，19。
8个！啊！和我刚才连接起来的积木的数量是一样的！
连接8个往右走1步的积木，所以小猫走了8步……

角色一定会按照脚本做动作的。这样编写脚本就叫作编写程序，简称"编程"！

我也会编程啦。

 刚才用了 8 个积木，其实可以更简单，只用 1 个积木，就能实现同样的动作。

 啊？真的吗？

 嗯！首先，在 8 个积木中，我们只留下 1 个积木，删除其他积木。

 怎么做呀？

 把留下的 1 个积木和其他积木分开。

分开前

 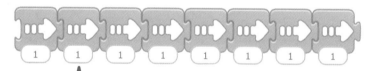

用一根手指按住从左数的第 2 个积木，向右拖动

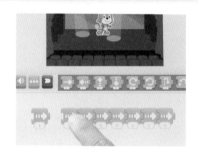

分开后

 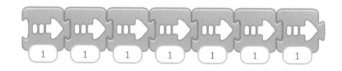

20

删除的时候，用手指按住想要删除的脚本的最前面，向界面上方拖动，然后松开手指。

 消失了！好简单！

积木变成 1 个了。点击积木的数字部分，脚本区域出现了"数字键盘"。

 点击这里

这个键盘可以将数字放进积木里

在键盘上先后点击按钮 ⌫ 、 8 ，然后点击一下键盘左边空白的地方。

 积木内的数字变成了 8，键盘消失了。

使用 ，让小猫回到初始位置，然后点击 ，观察小猫的动作。是什么样子的呢？

复习

项目界面

在舞台上显示格子或者隐藏格子

选择舞台的背景

让角色回到初始位置

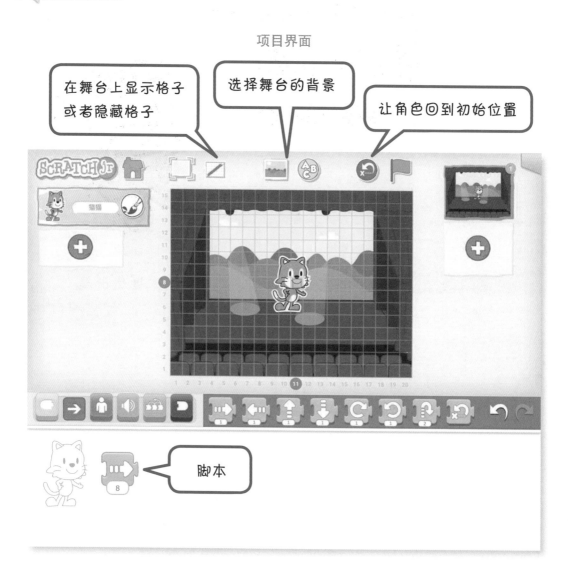

脚本

保存

 呼……到现在一下子学了好多,有点儿累了。
我想今天就学到这里,明天继续学习。

好啊。今天已经很棒了。
猫猫很有干劲儿,又很开心的样子,所以我就一下子教了好多。
现在猫猫把刚才创建的会动的小猫的项目保存一下吧。保存很简单的。
点击项目界面左上角的 SCRATCH Jr 🏠。

点击这里

增加的项目

 回到"我的项目"界面了。
啊!我创建的项目增加了!

 还没有给项目取名字呢。
如果不取名字,会显示"项目 1"。点击 🖼️ 试试看。

这是我创建的项目的界面啊。

对。保存过的项目可以再次打开运行、添加脚本，做各种改动。

点击这个界面右上角的 ，可以改变项目的名字。点击一下试试！

 啊，从下面哧溜一下出现了这个东西！而……而且，下面都是字母。

这是 iPad 里的"键盘"，用来输入文字的。不要惊讶，没事的。

● 对家长说的话
　　点击⊕，如果没有出现拼音，请打开设置，在键盘设置中启用拼音。

可以用猫猫看得懂的拼音键盘。iPad 的键盘上有 键。点击这个键，直到出现拼音键盘。

出现啦。这样我也会用啦。

使用 键把原本的名字删掉。然后点击字母，输入自己喜欢的项目名字。

最初的作品

完成啦！

确定完成了？好，点击 可以回到项目界面。点击  试试看。

项目的名字改变啦。
我有点儿累了。
少年，今天谢谢你啦。
明天继续教我做有趣的东西吧！

最初的作品

画自己的角色

绘图编辑器的使用方法

 少年，ScratchJr 里的角色只有这只橙色的小猫吗？

不是啊。除了小猫，还有很多角色可以出现在舞台上，我们这就去看看吧。在"我的项目"界面，打开上次创建的"最初的作品"，然后点击界面左侧的 。

 有好多可爱的角色啊！

选择角色界面

　　打开上次创建的项目之后，格子是隐藏的。在孩子设计作品的过程中，应该让格子显示出来。显示方法请见第 15 页。

是啊，可以从这些角色中选择自己喜欢的，让它们出现在舞台上。点击 ，然后点击 ✅ 试试看。

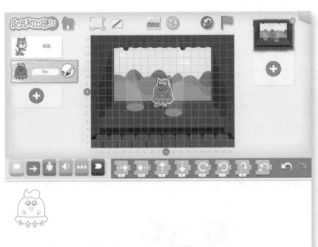

舞台上多了一个角色！

添加角色的时候，角色一定会出现在舞台的中央（横向 **11**、纵向 **8**），试着用手指拖动角色，移动一下。

对！就是这样！

有很多可爱的角色呢。可是，我还是想自己画画。

没问题！再次点击界面左侧的 ，打开"选择角色"界面。

点击这里

在这个界面不要选择角色，要点击 。

 这个界面就像画纸和调色盘似的！

在 ScratchJr 里，我们把这个界面叫作"绘图编辑器"，可以随意地画图、涂色。
从选择角色界面打开绘图编辑器，在绘图编辑器里画的画可以直接作为角色使用。
接下来我详细说明一下。

绘图编辑器

选择想要画出的形状。这里选择的形状是带有颜色的 ↝

画出的角色的名字（可以改成自己喜欢的名字）

线

圆
椭圆

方形

三角形

画布（画画的地方）

可以改变线条的粗细。这里选择的粗细是

选择画图、涂色的时候用到的颜色。这里选择的颜色是

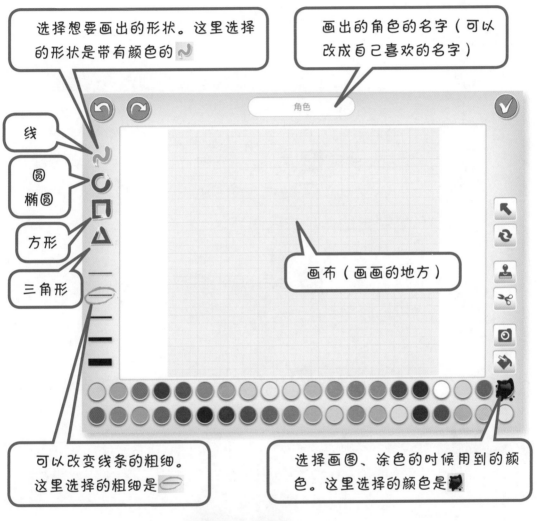

点击，变成　之后，拖动画布上的角色或者图案，移动位置。

点击，变成　之后，旋转画布上的角色或者图案。

点击，变成　之后，点击画布上的角色或者图案，可以复制（又出现一个同样的）。可以直接拖动复制出的角色或者图案。

点击，变成　之后，点击画布上的角色或者图案，可以移除。

点击，变成　之后，点击画布上的角色或者图案的某个位置，角色或者图案的范围会变成相机的拍摄范围。

点击快门按钮，相机拍摄的照片就会粘贴在画布上面。

取消刚才画布上的变化。

恢复刚才取消的变化。

保存画布上的角色或者图案并离开绘图编辑器。

用绘图编辑器画画，创作角色

用绘图编辑器画出你喜欢的画吧。

 同意！我已经等不及想画画啦。我要画我喜欢的小鸟吱吱！在绘图编辑器里，点击画画工具的按钮，画小鸟需要这些图形呢。

图形是这样画出来的。

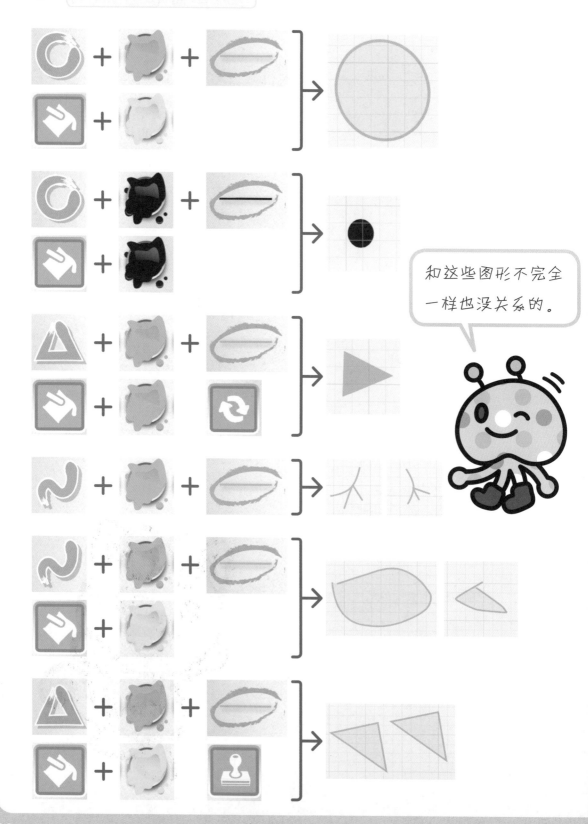

和这些图形不完全一样也没关系的。

完成这些图形之后,用 移动图形,组合成小鸟的样子。
角色的名字也改成"吱吱"啦。

猫猫画画真棒。使用绘图编辑器难吗?

 有点儿难,不过在画画的过程中慢慢就熟悉了,最后可
以画得非常流畅啦。有好多颜色,画画真有趣!

现在点击 。

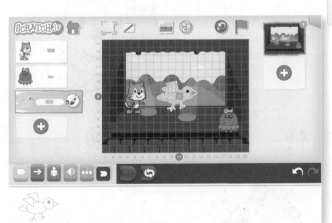

 吱吱出现在舞台上了! 好厉害!

绘图编辑器的其他使用方法

点击这里

刚才在绘图编辑器里，猫猫点击画画工具的按钮，画出了自己喜欢的角色。这些工具还可以做别的事情哟。

现在尝试改变小猫角色的颜色吧。

在项目界面选择小猫，点击。

小猫出现在绘图编辑器的画布上了。

点击 和 ，在画布上，用手指触碰小猫的橙色部分。

 小猫变成蓝色的了！

然后点击 保存。

接下来，试一下绘图编辑器的相机吧。

点击界面左侧的 ⊕ ，在选择角色界面选择 👧 ，
然后点击 ✅。

在项目界面选择刚才添加的角色，点击 🖌️，打开绘图
编辑器。点击 📷，用手指触碰 👧 的脸。

点击这里

变成用相机拍摄的画面了。
刚才用手指触碰的脸的部分会显示
相机即将拍摄的画面。

摆好姿势后，喊"茄子"，点
击 ！

就像这样，你的脸变到
角色身上了！

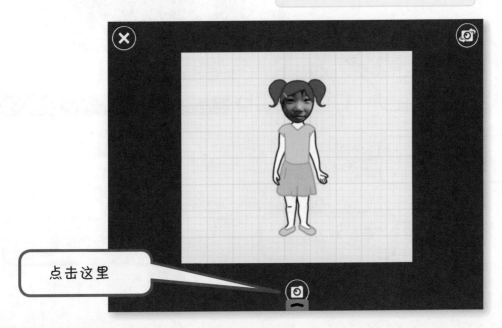

点击这里

头发的颜色、皮肤的颜色、衣服的颜色，都可以用 随意改变哟。还有，要记得取名字。然后，点击 保存。

我的舞台变得好热闹啊。

复习

项目界面

在绘图编辑器中改变角色

这个舞台上的角色

点击后处在被选中的状态

被选中的角色

角色的名字可以更改

添加新的角色

放置被选中的角色的脚本

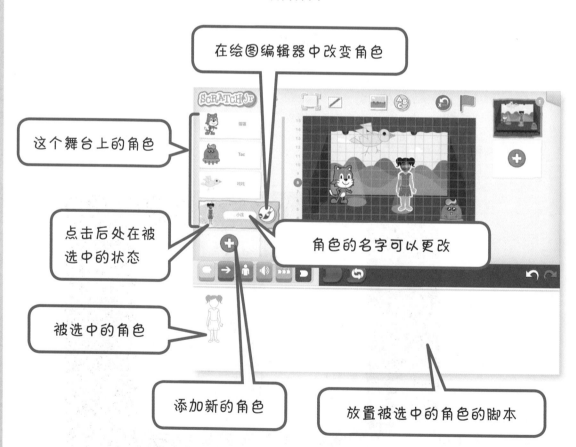

● 对家长说的话

绘图编辑器不仅可以用在角色上，还可以用在舞台的背景上。点击打开选择背景的界面，可以看到🔄按钮。

和孩子一起画出背景，体验画画的乐趣吧。

自己用绘图编辑器画的画已经保存在 ScratchJr 里了。创作其他作品的时候可以使用它们。

用绘图编辑器画的画已经保存好了

想把自己画的画从 ScratchJr 里删除，可以这样做。

用手指长按大约 2 秒，会出现❌按钮。点击它，角色就消失了

让自己的角色动起来吧

编程

 "最初的作品"的舞台上有好多角色，真有趣。
其他角色也可以像一开始创作的小猫那样动起来吗?

当然啦! 这就是 ScratchJr 超好玩儿的地方。
舞台上的所有角色一起动起来的话，一定很有趣。

对家长说的话

打开上次创建的项目之后，方形的格子是隐藏的。在孩子创建项目的过程中，应该让格子显示出来。显示方法请阅读第 15 页。

有趣！有趣！

如果想让几个角色同时动起来的话，可以在角色的脚本的最前面添加 积木。点击 按钮就会出现 积木了。

现在你的项目里有蓝色的小猫，还有它的脚本。
为了让这只蓝色的小猫从舞台的左侧移动到右侧，把脚本的数字"8"改成"12"吧。

把 8 改成 12

改好之后，让这个脚本的前面连接 积木。

是这样吗？

做好之后，点击舞台右上方的 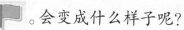。会变成什么样子呢？

点击这里

啊，之前需要直接点击下面的脚本，角色才会动。现在点击绿旗，小猫的脚本就开始运行了！

对啊。如果脚本的最前面有 积木，点击 的同时角色就开始动了。

也就是说，不只是小猫角色，在这个舞台上出现的所有角色，都可以在它们的脚本的最前面加上 积木吧？

完全正确！好啦，现在我们开始创作其他角色的脚本吧。

 的脚本是这样 的。

啊，对了。在 ScratchJr 的积木中，有一个积木可以一直重复同样的动作。

啊？走过来、走过去，再走过来、走过去，可以一直这样重复吗？我想让我画的吱吱这样动起来。

 你觉得怎样可以让角色一直重复同样的动作呢？

 我把"吱吱"的脚本做成这样了。

 但是只能来回走 5 次。如果想让它一直做同样的动作，放多少积木也不够啊！

对啊。
如果想重复同样的动作，可以使用 积木。
点击 ▶ 按钮， 积木就出现了。

把  的脚本做成 。

 哇！太好了，积木的数量变少了。

可以把角色"吱吱"的脚本直接复制给角色"小孩"哟。

41

复制脚本的方法

用一根手指按住"吱吱"的脚本不要松开。拖动到"小孩"的按钮上面，然后松开手指。

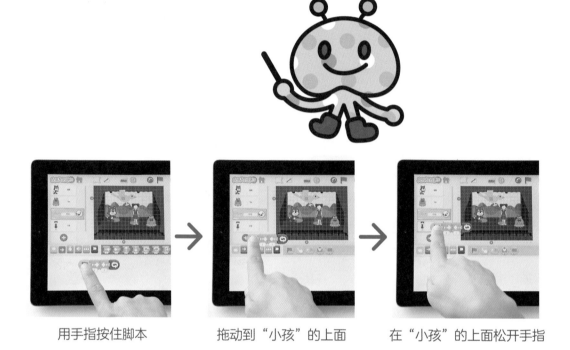

用手指按住脚本　　　　拖动到"小孩"的上面　　　　在"小孩"的上面松开手指

点击角色"小孩"，观察脚本。和角色"吱吱"的脚本是一样的吧！

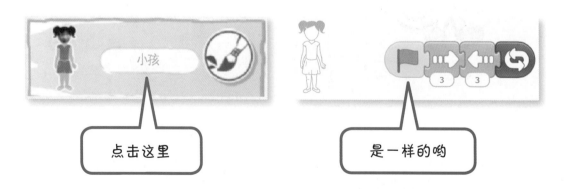

点击这里　　　　　　　　　　　　　是一样的哟

 运行

都已经准备好啦。现在，点击 ，让角色回到初始位置。
然后点击舞台右上方的 ▶️ 。

脚本运行的时候，▶️ 会变成 ⬡。
中间想停止的话，点击 ⬡

 哇！大家一起动起来了！吱吱一直飞呢。

给家人和朋友看

全屏模式

这么多角色一起动起来，好有趣啊。我想给爸爸、妈妈、好朋友看看。

可以直接给他们看，不过还有更帅气的方法哟。点击舞台上方的 。

点击这里

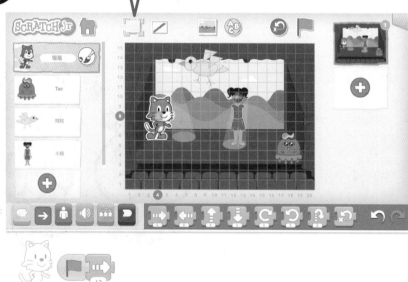

● 对家长说的话

　　iPad 有"AirPlay"功能，可以把 iPad 上运行的程序界面同时显示在电视机上。适合很多人一起欣赏孩子创作的作品。想使用这个功能的话需要 AppleTV 等相应设备。

 变大了！就像在电影院里看一样。
右上角有 。点击这个就可以了吧?

点击这里

是的！这个大大的界面叫作"全屏模式"。
再点击 ，可以回到原来的项目界面。

 明白啦！我这就拿去给妈妈看看！

体验 ScratchJr 的乐趣吧

开始准备

接下来要开始创作新的作品了。在这之前，需要做好准备哟。

①点击创作新作品的按钮。

点击这里

②在舞台上显示格子。

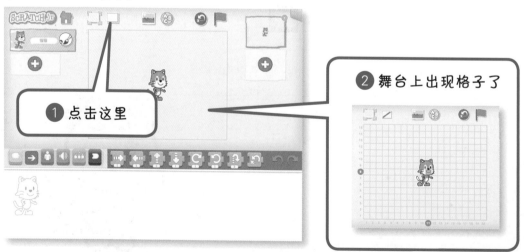

❶ 点击这里

❷ 舞台上出现格子了

③删除小猫角色。

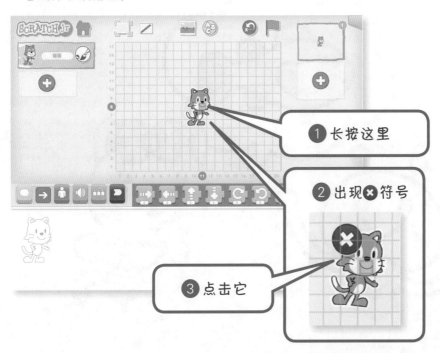

1 长按这里

2 出现 符号

3 点击它

这样就完成准备工作啦。

完成啦！

海里的样子

昨天是周末，我们一家人去看海了。我看到海里有好多鱼儿。

我的星球没有海。海里是什么样子啊?

就像这样。

这只是画,鱼儿不会动,你可能看不懂。

可我想知道它们是怎样动的。
我们一起用 ScratchJr 让鱼儿动起来吧。

海里是什么样子的呢？

鱼儿们游来游去……

海马轻轻漂浮……

开始吧，创作海里的样子！

开始准备

（具体的方法去看第 46 ～ 47 页哟）

· 点击创作新作品的按钮。

· 在舞台上显示格子。

· 删除小猫角色。

选择背景

点击 ▦ ，选择 ▦ ，然后点击 ✓ 。

舞台变成"海里"了吗？

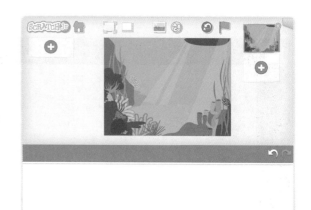

 选择角色

海里有什么啊？

这个嘛……鱼儿一会儿游去右边，一会儿游去左边。海马轻轻漂在水里，海星在打滚儿。

把海里的生物添加到舞台上。点击添加角色的 ，添加海马。添加好之后，用手指拖动舞台上的角色，确定角色的位置。角色的位置如后图所示。

● 对家长说的话

舞台上显示的格子表示坐标。正文
写到的"横向 ⑤""纵向 ⑦"，表示

x 坐标是 5、y 坐标是 7（从左数第 5 个、
从下数第 7 个）。

海马的位置是横向 ⑤ 、
纵向 ⑦ 。

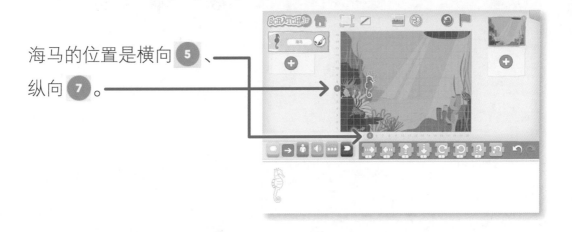

像海马一样，继续添加海星、绿色的鱼和黄色的鱼。

· 海星放在横向 ⑪ 、纵向 ④ 的位置。

· 绿色的鱼放在横向 ⑮ 、纵向 ⑫ 的位置。

· 黄色的鱼放在横向 ⑩ 、纵向 ⑫ 的位置。

 # 确定角色的动作

接下来我们要编写脚本，内容是当点击 🚩 的时候，让这几个角色朝
不同方向不停地运动。

分别给每个角色使用积木编写下面的脚本。

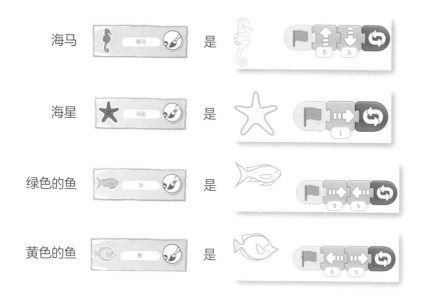

动起来吧!

完成上面的步骤之后,点击 📗,让作品动起来。

 舞台上的角色一起动起来了!

如果想让角色的动作停止,点击 ⬡ 哟。原来海里是这样子的啊!黄色的鱼和绿色的鱼看起来好亲近呢。

● 对家长说的话

在孩子使用积木编程的时候，记得确认一下角色是否正确（是否选择了相应的角色）。在界面左侧的列表里点击　相应的角色，会变成选中状态（像那样按钮变成黄色）。

哇！对，就是这样子的！其实还有更多鱼呢。可以再添加吗？

当然可以啦。告诉我猫猫看到的海里的样子吧！

按照自己的想法创作好海里的样子以后，记得给家人和好朋友看看哟！

点击 ⬜，变成全屏模式，作品就变大啦。展示作品的时候，可以告诉大家你是怎样创作的。

进阶

可以为 添加右边这样的脚本。

点击 🚩，会出现什么呢？

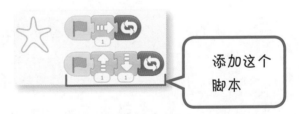

添加这个脚本

家长对孩子说的话

全都吃掉

猫猫，你喜欢的食物是什么？

我想一下，我喜欢上面有草莓的蛋糕。对了，还有松饼。

都是甜的东西！小心会长蛀牙哟。

还有,我特别喜欢吃烤肉！

猫猫挺贪吃的嘛。那我想给你看一个很有趣的作品，是我和好朋友一起创作的！

啊,是什么呀？好期待！

我的好朋友把嘴张得好大。周围有苹果、桃子、蘑菇，还有蛋糕！点击这些食物，它们就飞到嘴里啦！

真好吃……

 还有声音，感觉能把所有食物都吃下去呢。

我们一起创作这个作品吧！

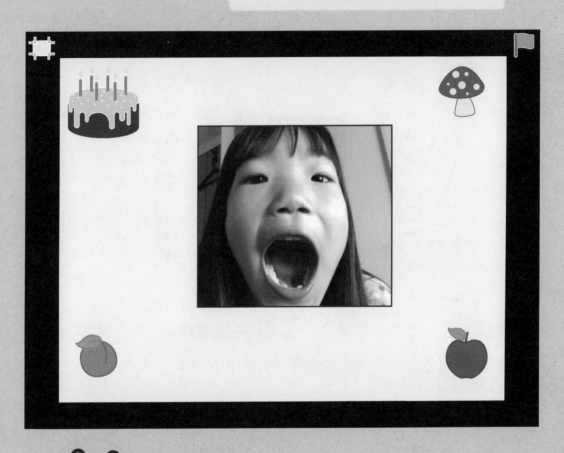

 开始准备

（具体的方法去看第 46 ～ 47 页哟）

· 点击创作新作品的按钮。

· 在舞台上显示格子。

· 删除小猫角色。

创建自己的角色

点击添加角色的 ⊕ 按钮，添加新角色。

打开绘图编辑器，选择 ☐ 按钮，画方形。

然后选择 ⊙ 按钮，点击方形的里面。现在可以用相机了，"咔嚓！"，拍下自己的脸吧。

拍的时候要努力张大嘴哟！

完成之后，给角色取名字，用 ✓ 按钮保存。

除了自己的脸这个角色之外，再添加下面 4 个角色。

苹果		蘑菇	
桃子		蛋糕	

蛋糕是不是有点儿大？

把它变小一点儿吧。

当蛋糕处于被选中状态时，拖动 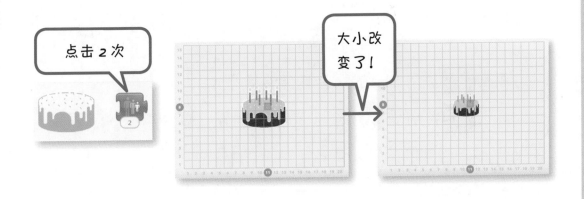 积木，放置在脚本区域。

点击 ，就会出现 积木了。

拖动并放置 积木之后，点击它 2 次。

这样可以改变角色的初始大小，要记住哟。

刚才使用的积木，可以放在那儿，也可以删除。

角色已经准备好了，下面确定它们在舞台上的位置吧。

- 苹果是横向 **19**、纵向 **3**
- 桃子是横向 **2**、纵向 **3**
- 蘑菇是横向 **19**、纵向 **14**
- 蛋糕是横向 **2**、纵向 **14**

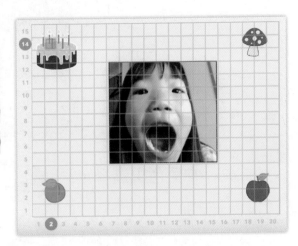

● 对家长说的话

录制自己的声音等创建音效积木的方法，请阅读第 103 页。

确定角色的动作

接下来我们要做的是，点击 🚩，让自己的脸角色说"我要开吃啦！"。

在角色里选择 🗣 。

点击 🎤 ，用自己的声音创建音效积木。

点击 🎤 ，出现 🔊 按钮。录音的时候，要大声说"我要开吃啦！"。

录音完成之后，用来播放这个声音的 🎙 积木出现了吧？

音效积木创建好了，创作下面的脚本。

接下来确定舞台上的 4 个食物角色的动作。

首先，在角色里选择苹果 🍎苹果 。

● 对家长说的话

接下来我们要做的是，点击 4 个食物角色之后，食物移动到嘴里，一边发出声音一边被吞下去。应当准确掌握舞台上的食物的位置和嘴的位置，把动作积木内的数字设置成食物到嘴里的距离（格子的数量）。如果使用正文所写的数字不能移动到嘴里，那么请和孩子一起数格子的数量，然后把积木内的数字改成合适的数字。

接下来我们要创作的脚本是，用手指点击苹果，苹果会移动到嘴里。

嘴里的位置是横向 11 、纵向 7 。

苹果应该怎样移动，才能到嘴里呢？

怎么做可以让苹果看起来被吃下去了？

苹果进入嘴里，要发出什么声音呢？

思考上面的问题之后，创作出来的脚本是这样子的。

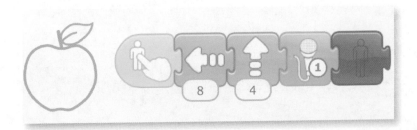

现在，我来说明一下创作方法。

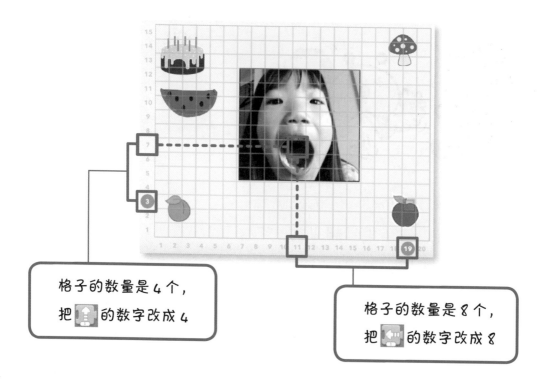 积木的意思是"点击角色时开始"，

点击 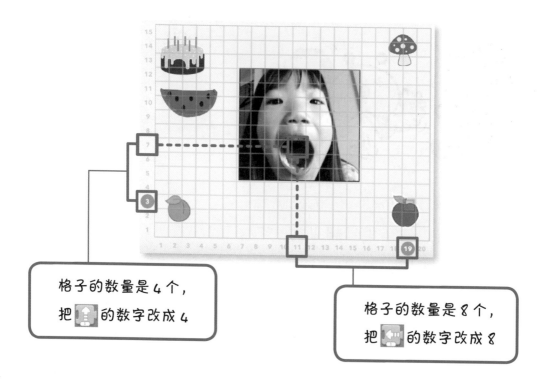 就出现这个积木了。

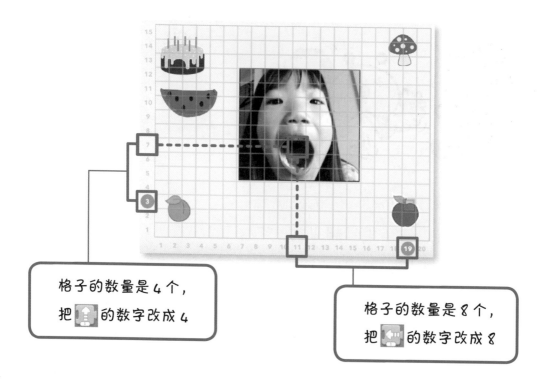 积木的意思是"隐藏"，

点击 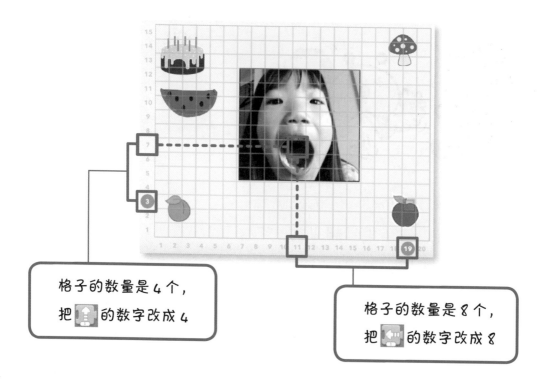 就出现这个积木了。

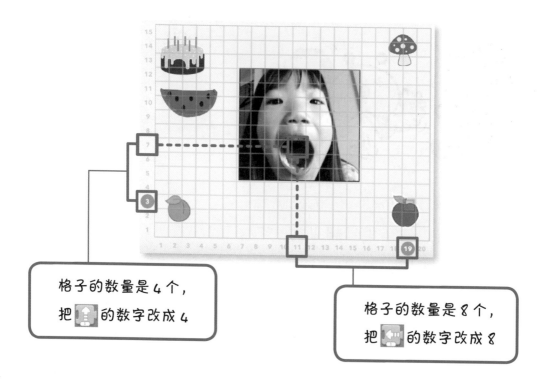 积木内的数字，是从苹果的初始位置（横向 **19**、纵向 **3**）到嘴里的位置的格子的数量。

格子的数量是4个，
把 的数字改成4

格子的数量是8个，
把 的数字改成8

 积木的录音是咬苹果的清脆声音。

最后是 积木，可以让苹果在嘴里消失。

完成脚本后，在舞台上点击苹果。

苹果准确地进入嘴里了吗？

用同样的方法，创作其他食物角色的脚本。

桃子  是

桃子的 积木可以录制大口吃东西的声音。

蘑菇  是

蘑菇的 积木可以录制吃炸蘑菇的"沙沙沙"的声音。

添加这些

蛋糕 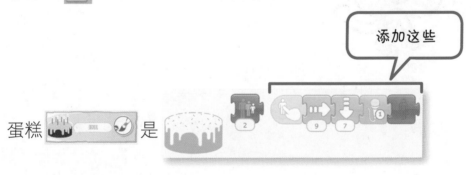 是

蛋糕的 积木可以录制说"蛋糕真好吃！"的声音。

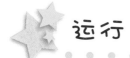

运行

完成上面的步骤之后，让作品运行起来吧。

首先，点击，食物角色回到初始位置。

点击，让作品运行起来！

听到一开始的元气
满满的声音了吗？

　"我要开吃啦！"

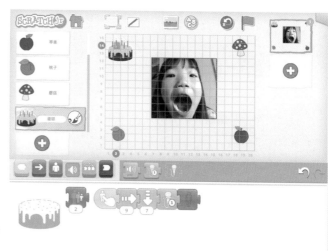

然后，按照自己喜欢的顺序，用手指点击舞台上的食物。

一个接一个进入嘴里了呢，还能听到吃东西的声音。

如果想让在嘴里消失的食物回到原来的地方，可以点击，
食物就出现在初始位置啦。

玩了一次还想玩的时候，也可以点击。

进阶

 猫猫，你觉得好玩儿吗？

 超级好玩儿。
自己竟然出现在作品里面了！就像做梦似的。

是啊。特别是听到自己声音的时候，忍不住就笑出来了。
你已经学会创作这个作品了吗？
如果学会了，除4个食物之外，还可以添加自己喜欢的
食物，一个一个吃下去吧！这就轮到绘图编辑器出场啦！

 我要画西瓜！

哇哈哈哈！
还有，如果每吃掉一个食
物，自己的角色就变大一
点儿，会不会更有趣？

家长对孩子说的话

吃蛋糕的时间到啦！

妈妈叫大家吃蛋糕了。
少年，来吧，和大家一起吃吧！

好开心啊。我最喜欢吃蛋糕了！

还剩下一块蛋糕。谁想吃呢？

我！

蛋糕很小，没办法分开吃，怎么办？

从3个人里面选出1个人，可以用抽签游戏来决定啊！

抽签游戏？在我的星球也有类似的游戏。我之前还用
ScratchJr做过。猫猫想做吗？

可以很快做好吗？我想快点儿吃到蛋糕！

没问题！很快就能做好的。很有趣的哟！

好，那我们去做吧！

我用笔在纸上画好了抽签游戏的样子。是这样吧?

 中奖

你来看看，这是用 ScratchJr 做的。这个抽签游戏有 3 个起点（彩色小球），还有对应的结果（结果盒子）。任意选择 1 个起点，把结果遮住，这样就看不出结果是什么了。

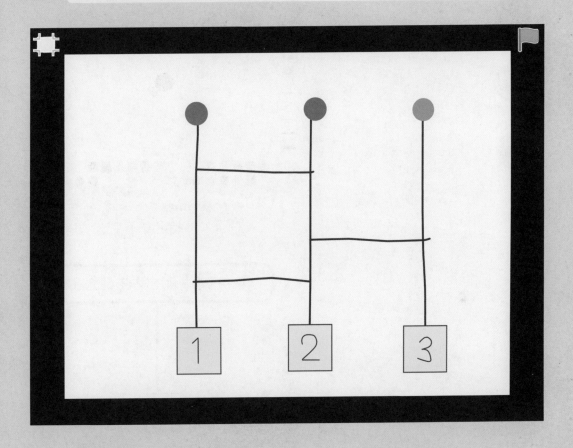

开始准备
（具体的方法去看第 46 ~ 47 页哟）

· 点击创作新作品的按钮。

· 在舞台上显示格子。

· 删除小猫角色。

准备角色

用绘图编辑器画出抽签游戏需要的角色。

"彩色小球"

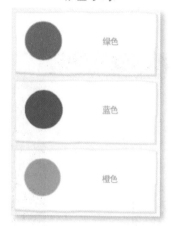

绿色

蓝色

橙色

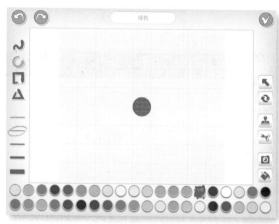

"彩色小球"的例子
（绿色小球）

"结果盒子"

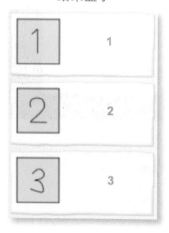

1

2

3

使用 🔲，画出方形的盒子

使用 〰️，画出数字"1"

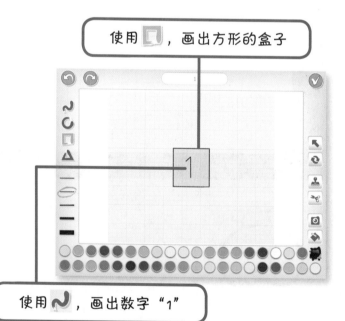

"结果盒子"的例子
（盒子1）

画好 1 个起点之后，画其他小球的时候可以使用这个小球，只改变颜色就可以了，对吧?

你说得对。如果要创建大小相同、颜色不同的角色，利用已经画好的角色就可以了。

下面我来说明一下创建方法。

① 点击 ➕ 添加角色。

② 在选择角色的界面，可以看到刚才画好的"绿色"小球 ●，选择它，然后点击 🎨。

③ 在绘图编辑器里，选择 🖌 和 🪣，点击"绿色"小球。

④ 把名字改成"蓝色"，然后点击 ✅，这就不只有"绿色"小球了，角色里还加入了"蓝色"小球。

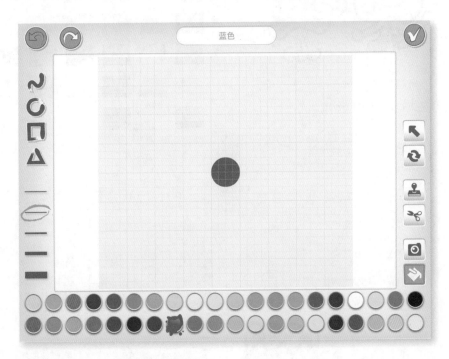

用同样的方法创建"橙色"小球和"结果盒子"中的盒子 2、盒子 3 吧!

● 对家长说的话

用手指在绘图编辑器里画梯子可能有点儿难。本书介绍的抽签游戏中，选中的小球会向正下方或者向水平方向移动，所以梯子的竖线和横线最好都是直线，并且相交为直角。把尺子放在iPad上，用手指比着画，就可以画出直线了。

准备背景

需要自己画背景。在背景里绘制抽签游戏的"梯子"部分（像梯子一样的线）。

点击 ，出现选择背景的界面，打开绘图编辑器。

点击这里

把梯子画出来吧。

画好后点击 ，保存背景。

竖线和横线都不要弯曲、不要倾斜，要画成直的哟！

画的时候不要着急。

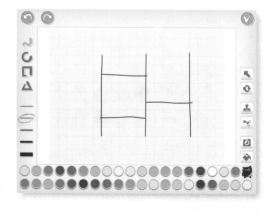

创作脚本

项目界面变成这样了。

"小球"放在抽签游戏的起点，"盒子"放在抽签游戏的终点，按照图中的顺序把角色放好。

不过，现在还没有脚本，
所以角色一动不动呢。

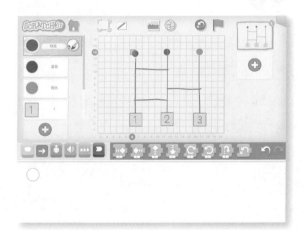

○

我们从"绿色"小球开始，一个一个创作脚本吧。

选择（点击）"绿色"小球，按照抽签游戏的规则，使用积木让"绿色"小球移动。

数一数舞台的格子，思考一下"绿色"小球会怎样移动。

让我数一下。向下2格、向右5格，
再向下3格、向右5格、向下4格，
最后到达盒子3。

我们创作脚本来实现这些动作吧。

● 对家长说的话

如果孩子画的梯子的尺寸和本书中　定积木内的数字。
给的不一样，请和孩子一起数格子来确

 完成啦！

嗯，很棒哟！

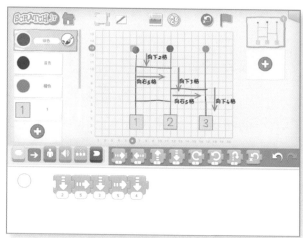

 但是，现在还缺少积木作为"绿色"小球开始移动的信号。大家一起玩抽签游戏的时候，应该在大的界面上玩。所以，如果一个人选择了"绿色"小球（点击小球），就把这个作为开始移动的信号吧。

 明白啦！
就这样做吧！

OK——！同样的方法，继续创作"蓝色"小球和"橙色"小球的脚本吧。

 做好啦！

"蓝色"小球

"橙色"小球

点击小球之后，抽签游戏就会自动开始，小球会移动到对应的盒子里。

接下来，我们要创作抽签游戏的结果画面，比如中奖或没中奖。

点击 添加页面，创作第 2 页。

使用绘图编辑器画第 2 页背景。

把开心的背景作为中奖的页面。

然后添加第 3 页。

这是没中奖的页面，所以使用不开心的背景。

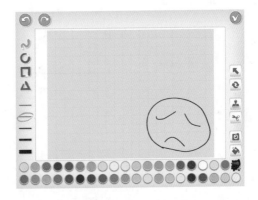

创作脚本：当小球碰到盒子时，页面切换成中奖的第 2 页或者没中奖的第 3 页。

 按照现在的脚本，小球到达盒子 1，就是中奖啦。

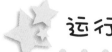 运行！

完成了前面的步骤，现在我们运行程序吧。
不用点击绿旗。
玩抽签游戏的人直接点击舞台上的小球。

我明白啦。
少年，你从3个小球里，
选一个点击吧！

我要点击"蓝色"小球！

好可惜，没中奖！
如果想回到第 1 页，是点击 吗？

对。

好！那我要点击"橙色"小球！
咦？小球只前进了一点点就变成了没中奖的页面……

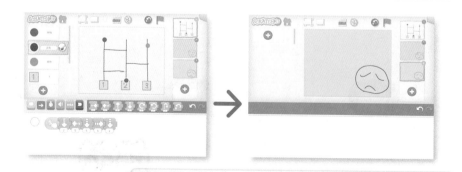

这是怎么回事呢？答案藏在第 1 页的
结果里哟。仔细观察，认真思考一下。

 呃，完全看不出来。

看不出来没关系的。

我仔细观察脚本，发现了一个问题。最开始我选择的"蓝色"小球一直停在盒子 2 那里，然后你点击了下一个小球。

小球开始移动的同时，因为盒子 2 和"蓝色"小球是靠在一起的，所以盒子 2 的脚本运行了。

盒子 2 的脚本是这样的： 。

 原来是这样。那么，应该在开始之前，让"蓝色"小球回到初始位置，对吗？

可以这样做，但是每次都手动操作很麻烦。为了让大家轻松一点儿，可以动脑想一想。

在每个小球的脚本的最后，加上这个积木。

 添加这个

 添加好啦！现在没问题了吧？

　　　　　　我们按照和刚才一样的顺序，再试一次吧！

点击"蓝色"小球!

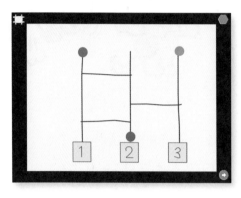 

然后，点击"橙色"小球!

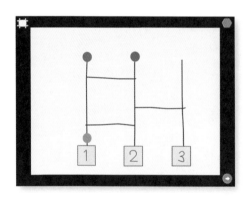 

这次小球可以正常移动啦!

只需要交换盒子 1 到盒子 3 的脚本，想玩多少次抽签游戏都可以!

妈妈来设定抽签游戏的结果。

现在可以开始蛋糕争夺战啦!

进阶!

· · · · · · · · · · · · · · · · · · ·

　　在目前完成的抽签游戏中,当结果页面出现的时候,需要自己动手,点击第 1 个页面,才能继续玩。

　　你知道怎样可以自动回到第 1 个页面吗?

· · · · 提 示 ·

　　在"中奖"和"没中奖"页面上,添加角色和脚本。

　　可以试试下面的积木哟。

家长对孩子说的话

创建跳跃游戏

猫猫，你在干什么呀？

我在玩游戏。一玩起来就着迷了。

什么样的游戏啊？

按这个按钮，躲避从上面掉下来的花盆还有从前面滚过来的轮胎。到达终点，就过关啦。会越来越难的！

规则很简单，不过确实会让人着迷呢。虽然不能和这个游戏完全一样，但用ScratchJr创作类似的游戏还是可以的。

ScratchJr好厉害啊。我也想创作这样的游戏！

那么，我们开始创建"跳跃游戏"吧。使用按钮让小猫跳起来，躲避前面出现的黑色短棒。游戏的规则是，如果连续 3 次成功躲避黑色短棒就通关了，如果碰到 1 次黑色短棒就失败了。

黑色短棒

点击，跳起来 →

开始准备

（具体的方法去看第 46 ～ 47 页哟）

·点击创作新作品的按钮。

·在舞台上显示格子。

·删除小猫角色。

选择背景

选择背景来营造游戏的氛围。点击 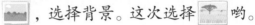 ，选择背景。这次选择 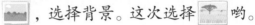 哟。

准备角色

接下来，添加角色作为游戏的主人公。点击 ，在"角色"界面，选择 。选好之后，点击 。

 走路的小猫是这次的主人公啊。

对。小猫抬起了一只脚，看着像不像要跳起来了？

 最初的小猫 → 抬起一只脚的小猫
（这次的主人公）

 嗯，有点儿像！

接下来，需要创建能让小猫角色动起来的按钮。我们用绘图编辑器来画这个按钮。

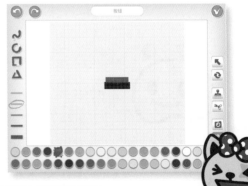

 这样可以吗？我把2个 组合起来了。

不错哟。但是这个按钮放在舞台上太小了。把按钮变大一点儿吧！

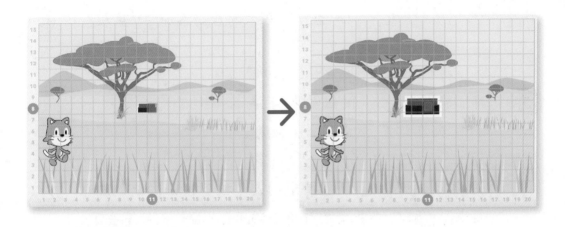

拖动 积木放到脚本区域，点击 4 次。

你看，按钮变大了吧。

⭐ 按下按钮，小猫跳起来了！

现在已经准备好主人公小猫和让小猫跳起来的按钮。接下来需要确定小猫和按钮的位置。

小猫放在横向 ②、
纵向 ⑤ 的位置。

按钮放在横向 ⑰、
纵向 ② 的位置。

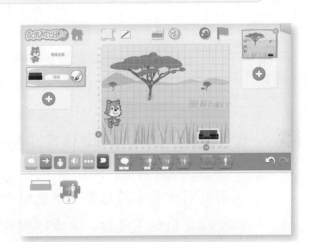

 放好啦。

这个游戏的规则是，按下按钮，小猫会跳起来对吧？应该怎么做呢？

在  积木的后面添加 积木。

 啊！这个积木上有一个橙色的信封！就像是把"按钮被按下去了！"写在信里，然后寄出去似的。

猫猫说得很对哟。现在要做的是"按下按钮，让小猫跳起来"。所以，首先需要告诉小猫角色，按钮被按下去了。

接收橙色信封的积木是……
啊，这是什么意思？

叮咚、叮咚、叮——咚！
把按钮的脚本和小猫的脚本连在一起看的话是这样的意思哟。

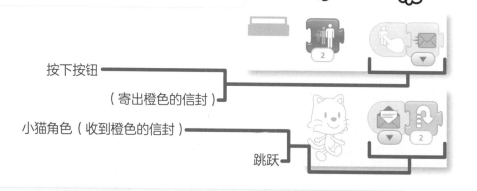

按下按钮

（寄出橙色的信封）

小猫角色（收到橙色的信封）

跳跃

 我明白啦！我觉得编程就像写故事一样。明白之后，好开心。

猫猫能明白其中的意思，我也好开心！
那现在我们按下按钮，看看小猫能不能跳起来。

让黑色短棒动起来

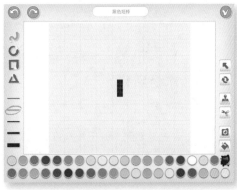

在这个游戏里，黑色短棒会向小猫移动。首先，使用绘图编辑器，创建新角色"黑色短棒"。

大概画这么大就可以了，然后取好名字，点击 ✓。

把黑色短棒放在横向 **19**、纵向 **4** 的位置。

然后创作黑色短棒的脚本。

在这个游戏里，黑色短棒朝小猫的方向移动 3 次。角色在舞台上向一侧移动，如果要回到原来的位置，需要移动多少个格子呢？

我来数一下，格子横着数是 20 个，所以……移动 20 个格子！

真棒！创作下面的脚本。

点击绿旗，黑色短棒会怎样移动呢？

黑色短棒向左移动，然后回到初始位置，这样重复了 3 次！可这不像是游戏啊。

我们再做一些处理，让它更像游戏吧。

如果是游戏的话，通关了应该有提示，失败了会显示游戏失败。我刚才玩的游戏就是这样子的。

好。那我们来创作"通关"页面和"游戏失败"页面吧！

添加新的页面，用绘图编辑器绘制这样的页面。

用手指在页面上写字！

现在一共有 3 个页面了。

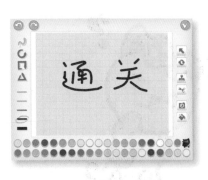

接下来，需要给移动过来的黑色短棒加上 4 个动作。

❶ 点击绿旗，把黑色短棒放在游戏的初始位置。

❷ 黑色短棒开始移动。但是，为了让玩游戏的人做好心理准备，在开始移动之前先等待 3 秒。(积木里面的30是3秒的意思哟。)

❸ 改变黑色短棒第 1 次、第 2 次、第 3 次的移动速度。规定速度的积木在第 103 页有详细说明哟。

❹ 黑色短棒 3 次回到初始位置，切换到"通关"页面。

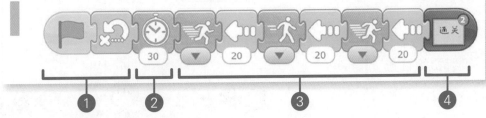

 哇！有好多积木啊！

积木的数量变多了也不要慌哟。
每个积木都有相应的含义，按照顺序一个一个去看，慢慢就会明白这个脚本的意思了。

游戏失败？

我试着运行了刚才创作的黑色短棒的脚本！黑色短棒向左侧一会儿嗖嗖地快速移动，一会儿慢慢移动，一会儿又快速移动。最后出现了"通关"！

但是，小猫不用跳，也能"通关"呢。

是的。因为小猫的脚本现在只有这些。

最后，我们来添加下面的脚本吧。

· 当点击绿旗时（游戏开始），小猫回到初始位置。

· 小猫如果碰到黑色短棒，就会摔倒，然后马上切换到"游戏失败"页面。

向右转积木的数字和转的结果

向右转的时候，和手表的指针是一样的呢。

 完成啦！现在就像游戏了。我要运行啦！
咦？不管按下按钮让小猫跳起来多少次，
还是会马上碰到黑色短棒。好奇怪啊。

啊，真的是这样。
这样想通关很难呢。有什么办法可以更
简单地跳过黑色短棒呢？

 嗯。更高？对啦！跳得更高就可以啦！

可以！改变一下 积木内的数字吧。让数字变大，就
可以跳得更高了。

我把数字改成了"8"，希
望游戏可以顺利进行！

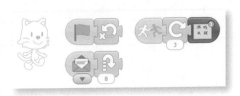

对了！还有一件事。
需要让玩游戏的人更容易发
现舞台上的 按钮。

点击"项目界面"的按钮！
变成了这样子，下面出现了文字键盘。

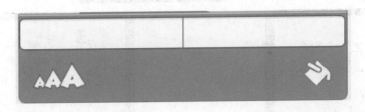

输入"点击，跳起来→"，选择大小。

可以在舞台上用手指随意移动文字。

需要说明的时候可以使用这个功能哟。

 运行

完成了上面的步骤，现在让游戏运行起来吧。

 喵喵！自己创建游戏真是太有意思了！
等爸爸下班回家，我要和他一起玩！

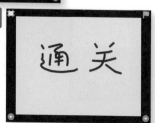

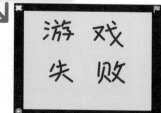

 进阶

在这个游戏里，怎么做能让小猫看起来像在跑步一样呢？思考一下吧！
我是这样想的：增加角色，让它们动起来。
这样一来，风景看起来就像在移动似的。

家长对孩子说的话

创作会动的绘本

你看你看！这是我自己创作的绘本。讲的是坐上火箭去太空，登上月球的故事。

如果不加上说明，讲解每一页的画面是什么内容，会不会有点儿难懂啊？但是加上说明，画面就变小了！

啊！这个画面让人好怀念啊。我来地球玩的路上，从宇宙飞船的窗户里看到的就是这样的画面！

我的星球的小伙伴们，不知道它们最近过得好不好。

猫猫创作了绘本呀。

如果绘本的画面能动起来，就不需要说明啦！

ScratchJr 可以创作 4 个页面呢。

用 ScratchJr 来创作属于你的故事绘本吧。

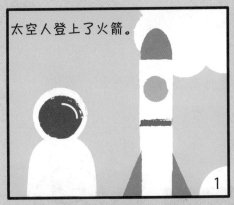

太空人登上了火箭。

火箭从地球出发，飞向太空！

体验了太空旅行的乐趣之后，要去月球啦！

到达月球。
啊！是外星人！

用蜡笔和图画纸创作绘本已经很有趣了，使用 ScratchJr 会变成什么样子呢？好想试一下。

好啊，Let's try（我们试试吧）！

开始准备
（具体的方法去看第 46 ～ 47 页哟）

· 点击创作新作品的按钮。

· 在舞台上显示格子。

· 删除小猫角色。

准备背景

根据猫猫画的月球旅行的绘本，我们首先准备4个页面。

第1页

第2页 ※

※ 用绘图编辑器，创作全黑的页面。

第3页

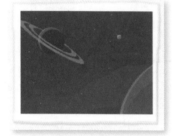

第4页

完成这4个页面了吗？

准备角色

有的角色初始很大，有的很小。

所以，点击 积木或者 积木，调整角色的大小。

第1页

添加 和 ※

※ 太空人的脸部，可以用绘图编辑器自己画，
也可以用相机拍摄自己的脸。

第2页

添加 和

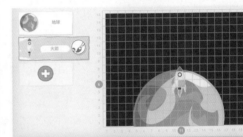

第3页

添加

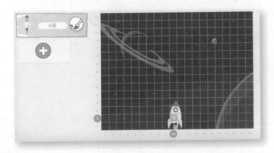

第4页

添加 、 和

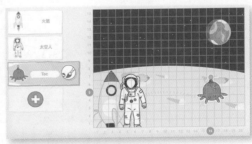

创作脚本

第1页

使用积木创作  进入火箭的样子。

进入火箭之后，切换到第2页。

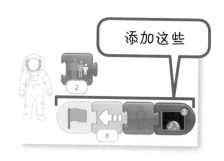

添加这些

第2页

 从地球发射，笔直地飞向太空。

飞到舞台最上方，然后切换到第3页。

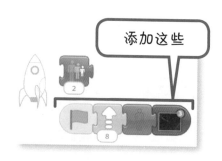

添加这些

第3页

在太空转了一圈之后，朝月球的方向斜着移动。

移动到舞台的右上方，然后切换到第4页。

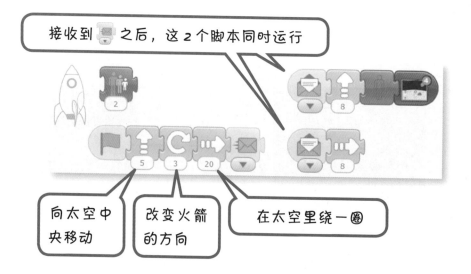

接收到之后，这2个脚本同时运行

向太空中央移动

改变火箭的方向

在太空里绕一圈

如果孩子问"为什么太空人轻飘飘、一跳一跳地移动？"，可以和孩子一起在平板计算机上看太空人和国际空间站的视频，能够充分利用平板计算机。

ScratchJr 里没有斜着移动的积木，需要开动脑筋。

同时运行往上走和往右走这 2 个积木，就可以斜着移动啦。

第 4 页

从火箭里出来。然后，轻飘飘、一跳一跳地向前移动，突然遇到了外星人！

遇到外星人之后，向外星人打招呼，"你好！我是从地球来的"。

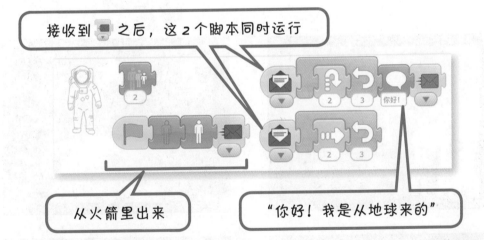

接收到 之后，这 2 个脚本同时运行

从火箭里出来

"你好！我是从地球来的"

太空人和外星人打招呼之后，我们要让外星人说话。

所以，太空人说话的脚本的最后要使用 哟。

● 对家长说的话

　　ScratchJr 自带的所有角色，脸都是朝向右侧的。如果想让脸朝向左侧，可以使用如 1 所示积木。如果只改变脸的朝向，将积木的数字设置为"0"。

 听到太空人打招呼之后，回复"欢迎来到月球"。

脸朝向太空人，走近一步

"欢迎来到月球"

顺利完成上面的内容了吗？如果完成了，点击第 1 页，然后点击 开始运行吧。

 我完成了会动的绘本！就像电影一样，好厉害！

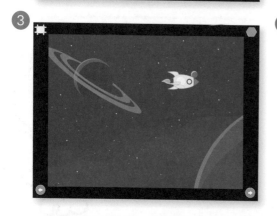

进阶!

接下来，用 ScratchJr 创作你自己的绘本吧！
可以马上开始创作，也可以先用铅笔画出来。
在下面的方框里随心所欲地画吧。
画好之后，创作新作品，从页面开始创作哟。

第 1 页	第 2 页
第 3 页	第 4 页

创作好之后，向家人和朋友展示一下！

家长对孩子说的话

真好玩儿

猫猫，你觉得 ScratchJr 怎么样?

可以做好多事情，真好玩儿!
我从没想过能自己创建游戏呢!
还可以像木偶戏那样,展示给大家看,好开心呀。

平板计算机方便携带，可以带到朋友家，还有远一点儿
的奶奶家呢。你玩得开心，我也好开心呀。

和猫猫在一起的快乐时光就要结束了。
很遗憾，我现在必须返回自己的星球了。
如果猫猫以后能去太空旅行，一定要带着平板计算机来
我的星球玩哟。
到时候，我们再一起玩ScratchJr！
要一直开心哟。拜拜！

少年，谢谢你！

喵，我好孤单啊。

啊，哥哥放学回家了。
他在房间里做什么呢？

哥哥，那是什么呀？

我正在用 Scratch 做游戏的编程。

Scratch？我刚才也一直在用 ScratchJr 玩编程呢！

猫猫会编程？快给我看看！

是真的呀。好厉害！

这个 ScratchJr 很像 Scratch 呢。

啊，我知道了！这是 Scratch 的简
单版本，为了让猫猫这样的小朋
友能使用！

用 Scratch 可以做更复杂的事情哟。
可以设计更有趣的游戏和动画！

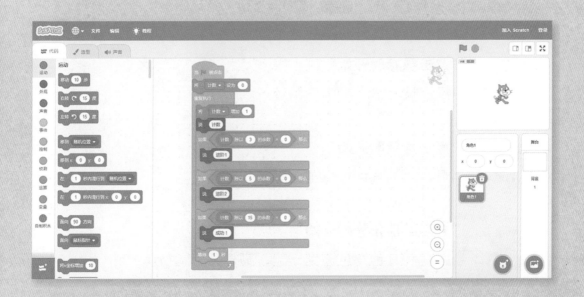

哇，听起来好有趣啊！

等我像哥哥这么大的时候，也要
玩 Scratch！

在这之前，我要用 ScratchJr 创作
好多好多的作品！

都有什么积木呢？

积木介绍

开始运行脚本的触发积木

放在脚本最开始使用。表示信号（事件）。

 "点击绿旗时开始"

当绿旗被点击，脚本开始运行。

 "点击角色时开始"

当舞台上的角色被点击，脚本开始运行。

 "触碰其他角色时开始"

当角色和其他角色碰到一起，脚本开始运行。

 "收到消息时开始"

当接收到指定颜色的消息，脚本开始运行。

有 6 种颜色可以选择。

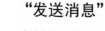 **"发送消息"**

 发送指定颜色的消息。

有 6 种颜色可以选择。

可以选择的颜色
（橙色、红色、黄色、绿色、蓝色、紫色）

角色的动作积木

"往右走"

向右移动指定数量的格子。

"往左走"

向左移动指定数量的格子。

"往上走"

向上移动指定数量的格子。

"往下走"

向下移动指定数量的格子。

"向右转"

向右旋转指定的角度。12 是旋转一圈。

"向左转"

向左旋转指定的角度。12 是旋转一圈。

"跳跃"

每次向上跳指定数量的格子。

"回家"

让角色的位置回到开始的地方。

和项目界面的 ⟲ 一样。

角色的外观积木

"说话"

角色上方出现对话框，显示输入的文字。可以通过键盘修改文字。

"放大"

把角色变大。下面的数字越大，角色变得越大。

"缩小"

把角色变小。下面的数字越大，角色变得越小。

"重设大小"

把角色变回最初的大小。

"隐藏"

让角色慢慢消失直到看不见。

"显示"

让角色慢慢显示直到能看见。

音效积木

"Pop"

播放音效"Pop"。

"播放录音"

播放录好的声音。

如果想录音，可以点击 按钮。想录制多少声音都可以。

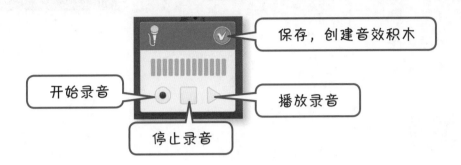

保存，创建音效积木

开始录音

停止录音

播放录音

不想要的积木可以删除。

长按积木，出现 。点击 ⊗ ，积木就消失了。

控制积木

"暂停"

让脚本停止一定时间（10代表 1 秒）。

"停止"

停止角色的所有脚本。

"设定速度"

改变跟在后面的脚本的运行速度。

可以选择的速度（慢速、普通速度、快速）

"循环"

将里面的积木重复执行指定的次数。里面的积木可以从多种积木中选择。

结束积木

放在脚本的最后使用。

"结束"

表示脚本到这里结束。

"无限循环"

返回脚本开始的地方，一直重复执行。

"切换至页面"

将背景换成某个页面。用数字指定页面。

如果想改变作品的背景，就需要用到页面了。添加页面，可以创建新的背景。一共可以添加 4 页。如果不添加新的页面，"切换至页面"积木是不会出现的！

这个项目里的页面

添加新的页面

"切换至页面"积木

长按不想要的页面，出现 ，点击 ✕ 可以删除。

● 对家长说的话

❶在外观积木中，和孩子一起观察
角色放大、缩小、回到初始大小、显示
和隐藏的效果。还可以修改"放大""缩
小"积木内的数字，观察角色会变成什

么样子。

❷确认触碰角色可以让脚本运行。

❸使用"无限循环"积木，可以减少
脚本里积木的数量，让脚本更有逻辑性。

一起试试看吧

为了学会使用 ScratchJr 的各种积木，我准备了例子！猫
猫，要不要一起试试看呀？

 好啊！模仿书上写的内容就可以了吧？

是的。我们一起观察会出现什么样的效
果！注意观察角色的动作和下方的脚本。

❶ 外观有什么变化呢?

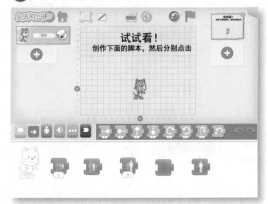

❷ 点击角色会变成什么样子呢?

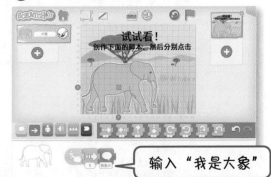

输入"我是大象"

❸ 无限循环。

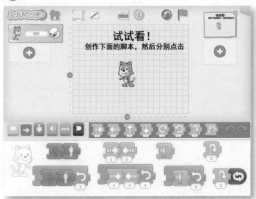

④ 碰到一起会怎样呢?

⑤ 改变页面!

⑥ "暂停" 是等待多久呢?

7 使用触发积木,可以实现不同角色之间、页面之间的联动。最多可以设置6个不同的消息,其对应的图标是不同颜色的信封,表示把消息"装进信封寄出去"和"接收并打开信封"。信封颜色一致的脚本都可以收到这个消息。

7 发送、接收消息。

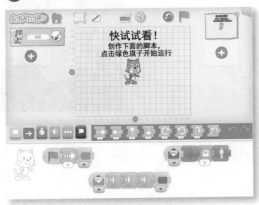

一直阅读到了这里,你真棒!对了,你读了这本书,想用 ScratchJr 创作什么呢?用铅笔画 √ 哟!

☐ 想创建游戏。

☐ 想创作会动的绘本。

☐ 想创作乐器来演奏。

☐ 想用自己创作的东西逗朋友笑。

☐ 想用自己创作的东西让家人吃惊。

如果还有其他想做的事情,就写在下面吧!

创造ScratchJr的人们有话要说

能够与作品融为一体

米切尔·雷斯尼克
麻省理工学院（MIT）媒体实验室教授

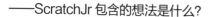

米切尔率领麻省理工学院媒体实验室的"终身幼儿园"研究团队，致力于所有人，特别是孩子们的创造性学习研究。他是受全球孩子喜爱的乐高机器人的基础创意和技术开发者，编程语言Scratch的开发者，"计算机俱乐部"（为低收入家庭的孩子提供科技教育的项目）的联合创始人，为孩子能够利用新技术创造性地表达自我提供学习环境和机制。

——ScratchJr 包含的想法是什么？

我希望所有年龄段的孩子，都可以利用台式计算机或者平板计算机，实现脑海中的想法，并能够表达自己。在这之前的 Scratch 面对的是 8 岁以上的孩子们，孩子们可以用 Scratch 创作带有小机关的互动型故事以及游戏、动画。我想让更低年龄的孩子也获得这种体验。即使只有 5 岁，孩子也可以像开始学习文字读写一样学习计算机编程，用计算机创作有小机关的绘本或者游戏。

——你最喜欢 ScratchJr 的地方是什么？

这和"你最喜欢你的孩子的地方是什么"一样难以回答。我喜欢 ScratchJr 独有的世界观，孩子们可以简单地把积木拼接起来实现各种动作，赋予角色生命。其中我有一个特别喜欢的积木，是跳跃积木。本来 Scratch 里没有这个积木，从这个积木中可以获得很大的满足感。

你们试过把跳跃 6、跳跃 4、跳跃 2 这 3 个积木连接起来吗？如果还没有这样做过，请一定要试一下。角色一蹦一跳的样子十分有趣。

——使用平板计算机的优点是什么？

使用平板计算机更容易与作品融为一体。

不需要使用鼠标间接操作，而是直接把手指放在角色和积木上，就像真的进入作品之中和角色在一起了。

另外，使用平板计算机还可以自然而然地和别人一起创作作品。把平板计算机放在桌子上，两个人可以一边坐着一边创作。创作更加直观，能让孩子更加投入，更容易实现与家人和朋友的合作。

——如果是你，会创作怎样的作品呢？

我 5 岁的时候，很喜欢体育运动。所以，我会用 ScratchJr 创作一些和体育运动有关的作品。我特别喜欢棒球，会让 ScratchJr 的角色打棒球。在作品里，角色手拿着球棒，或是挥动球棒，或是在垒位跑来跑去。

——对家长说的话

让孩子发挥想象力，自己去探索用 ScratchJr 能做什么，这一点是十分重要的。但是，孩子实现脑海中的想法，有时需要他人的帮助。所以，应该为孩子提供自由的环境，让孩子自由探索、充分发挥想象力，同时要有适当的分寸感，为孩子实现想法提供必要的帮助。

创作故事就是逻辑思考

玛丽娜·伯斯
塔夫茨大学儿童研究与人类发展部教授

　　玛丽娜是塔夫茨大学儿童研究与人类发展部教授，兼任计算机科学部教授。她是跨学科研究团队的代表，研究课题是适合发展阶段的技术。她也是适合发展阶段的教育技术、开发利用技术的幼儿课程方面的专家，与从事儿童教育的预备教师和在职教师合作开展多项研究。

——ScratchJr 包含的想法是什么？

　　孩子们在公园游乐场里可以获得很多精彩的学习体验。可以说在公园游乐场里能够观察到社交、运动发展、认知发展、问题解决能力、语言发展等幼儿发展的所有基本方面。那是没有限制、可以自由探索的场所，孩子们可以按照自己的想法积极活动。ScratchJr 的目标就是创造公园游乐场似的环境。孩子们可以自由地思考并表达，同时可以学习到重要的编程概念，这与数学和语文等很多领域都有联系。

——你希望孩子们使用 ScratchJr 创作怎样的作品？

　　开发 ScratchJr 的时候，我考虑的是如何方便孩子创作故事，所以给孩子们准备了可以绘制角色的页面。创作故事就是逻辑思考。也就是说，孩子通过逻辑思考创作故事的同时，能够掌握未来所必需的能力。数学和语文等都需要逻辑思考的能力。

　　另外，创作故事还与表现力有关。发现自己的想法，探寻自己感兴趣的东西，同时具备掌握学习方法的基础能力，为未来做好准备。而且，故事本身也十分重要。每个人都有自己想讲的故事吧。希望孩子们能够轻松地创作会动的故事，把故事讲出来。这是非常重要的事情。人在讲故事的时候，会思考自己是谁，周围有谁，还会去了解这个世界，探索感兴趣的东西。所以，我想帮助孩子们讲出有趣的故事。

——如果是你，你会创作怎样的作品呢？

　　我应该会拍摄很多猫的照片吧。我小时候特别喜欢猫和猴子。如果有 ScratchJr 的话，我应该会拍摄很多猫的照片，创作动画、故事，还有动物之间的对话，描绘各种各样的场景。我在 ScratchJr 里之所以重视创作故事，是因为我认为是创作故事造就了现在的我。

——对家长说的话

　　在孩子创作作品的过程中，家长有时会想上前帮忙，引导孩子思考。这个时候，请记住孩子们是不一样的。

　　有的孩子可能不知道应该怎么做。这时请多问孩子问题，和孩子一起观察 iPad 的界面，然后给孩子演示使用方法，帮助孩子完成作品。这样做，孩子能够自然而然地开始创作作品，并展示给其他人看。通过提问，知道孩子在想什么、哪里不明白，这是十分重要的。

　　另外，有的孩子会马上理解 ScratchJr 的使用方法，孩子可能想自己尽情玩耍，不希望大人陪在身边。面对不停向前冲的孩子，应该怎样沟通呢？首先，应该让孩子按照自己喜欢的方式使用 ScratchJr。如果发现孩子有操作错误的地方，请问孩子问题。这样做，孩子应该能够自己改正错误。

无法停止的创造性

葆拉·邦塔
Playful Invention公司联合创始人

Playful Invention公司的联合创始人。在阿根廷的大学学习计算机科学之后，在美国哈佛大学取得教育与技术课程硕士学位。参与设计的教育相关产品多次获奖，如MicroWorld和LCIS的My Make Believe系列、PICO的PicoCricket Kit和TurtleArt、LEGO education的WeDo和LEGO Universe等。

——ScratchJr 包含的想法是什么？

我想把平板计算机变成孩子们可以自由创作作品的舞台。为孩子们提供一款应用，孩子们能够通过这款应用，在脑海中形成创意，思考创意的实现方法，最后把创意变成现实。ScratchJr 针对的是 5 岁以上的孩子，所以我的目标是让孩子们的眼睛发光，享受创作作品的快乐。不过，我相信老奶奶们也能乐在其中。把针对的年龄段设为 5 ~ 99 岁可能更为合适。

——使用平板计算机的优点是什么？

如果考虑到用户年龄，我认为平板计算机比台式计算机更为合适。我们最开始制作了用在台式计算机上的测试版，但是孩子们使用鼠标有点儿困难，而用手指操作平板计算机并没有那么困难。另外，孩子们的语言能力也处于习得过程中，还不能很好地理解计算机的输入方法。年幼的孩子更适合使用平板计算机来创作数字作品。

——你最喜欢 ScratchJr 的地方是什么？

无法停止的创造性。ScratchJr 并没有直接让孩子们变得具有创造性，创造性都是孩子们自然涌现的。所以，孩子们想要马上创作自己的作品。ScratchJr 的优点是能让孩子们创作出各具特点的作品。角色和场景的组合、使用绘图工具绘制的图画等，存在着无限可能。我认

为这是 ScratchJr 的优势。

——如果是你，你会创作怎样的作品呢？

我会把自己创作的东西组合起来。例如，使用以前画的画和角色，创作有点儿特别的故事。在我的作品里，可能故事的前后衔接不起来，可能有很多地方不连贯，但是设计了隐藏的按钮，不小心碰到按钮的人会吓一跳，我自己也忍不住笑起来。

——你小时候是怎样的孩子？

我小时候特别喜欢爬树。不过如果当时有平板计算机的话，我应该不至于拿着平板计算机去爬树。我不是传统意义上的"女孩子"。我玩娃娃，但也喜欢玩车。小时候没有计算机，所以我会把身边各种各样的东西组合起来玩。我喜欢玩组合玩具，用积木建房子、设计房子，制作通过齿轮套装运动的模型。现在的孩子们被数码设备包围着。我小时候玩积木和齿轮套装，而现在的孩子们会被数码设备吸引。既然这样，就应该为孩子们提供在数字世界里创作作品的机会。

——对家长说的话

请思考一下怎样可以回到小时候。我认为亲自体验是最有趣的。坐在地板上，把平板计算机放在膝盖上，开始玩 ScratchJr，试着回到小时候吧。

日本专家想说的话

幼儿时期正适合玩"创造者游戏"

泽井佳子
日本儿童实验所所长

发展心理学专业。致力于认知发展支持和视听觉教育媒体设计。曾任幼儿教育电视节目《Ponkikki, 开门！》的心理学成员、大学讲师等。现任幼儿远程教育《儿童挑战》（倍乐生公司）的思维力课程监修，电视教育节目《哇！巧虎》监修，日本儿童学会常任理事。

1秒百万日元的CG制作，现在来到孩子的手中

1984年，我作为心理学成员，参加了幼儿教育节目《Ponkikki, 开门！》的制作会议。这个节目里，除了绿色恐龙卡查宾冒险影片和歌曲的环节外，还会穿插几次15秒左右的短片，这个环节清楚地演示图形、逻辑、数量、语言等学习领域，虽然时间很短，但是发挥着重要的作用。从那时候开始，带图形的短片开始使用简单的CG动画，1秒要花费上百万日元。在那个年代不能随意说"我们制作CG短片吧"这种话，但是我当时梦想着"有朝一日，我用自己的计算机，和孩子一起制作CG动画"。

过了30年，2014年8月的一天，在日本东京银座开设的ScratchJr体验教室，我和埋头创作动画的5岁男孩坐在一起，制作"苹果从树上掉下来，青蛙在田野里跳来跳去的动画"。我长期从事"辅助幼儿理解的影像和玩具制作"方面的工作，在这一天真切感受到"幼儿自己设计、编写代码、制作CG动画——编程游戏"的时代来了。30年前许下的"希望幼儿也能制作动画"的愿望开始变成现实，我感到很幸福。

编程游戏激发"创造结构的力量"

经过2~3岁的词汇爆发期，4~5岁的幼儿开始有意识地把单词按照语法连接起来（造句），把句子连接起来组成文章，产生"自己创造结构，传达给他人"的强烈愿望。但是有很多幼儿因不能传达动态形象而感到焦躁。于是，幼儿手舞足蹈，边画画边配音，想方设法表达脑海中的形象的动作。有时，图画纸上画的线不是物体的轮廓，而是车辆通过的轨迹……

对于想要"动态表达""创造结构表达"的幼儿，ScratchJr可以通过编程游戏，赋予动态形象以逻辑秩序和结构，与他人一起分享有趣的画面。随着编程经验的增加和"创造结构的游戏"的深入，孩子应该会产生更多的要求，如"想要脸上的表情变得更复杂""还想移动背景"。这些要求和解决问题的热情，与幼儿教育节目制作者的心情十分相似。

孩子们拥有"创造结构的自信"，即使想法现在还很简单，但他们不会满足于现在的媒体，在未来他们就是创造新媒体的那群人。"培养的不是只会适应环境的人，而是改变环境的人"——数字媒体的"编程游戏"或者"创造者游戏"具有培养这种积极人格的作用。

从乐趣中培养幼儿使用数字工具的能力

佐藤朝美
爱知淑德大学人类信息学部副教授

东京大学跨学科信息研究生院博士课程肄业后，曾任该研究生院助教。现从事教育工程学、幼儿教育、家庭沟通、学习环境设计等相关研究。日本儿童学会理事、儿童环境学会评论员。

据说在幼儿时期，使用数字媒体的方法是有诀窍的，那就是家长的参与和语言交流。

寓教于乐型软件（计算机上使用的教育软件）的相关研究表明，在孩子使用软件的时候，可以把家长分为 3 类。第 1 类是什么都不做的旁观型，他们可能认为计算机应该由一个人独立使用。第 2 类是事无巨细地指明使用方法的灌输型。第 3 类是交流型，家长接纳孩子的感受，和孩子一起体验其中的乐趣。教育效果最好的是交流型。在给孩子读绘本、收看儿童节目及绘画时都存在类似现象。家长的参与和语言交流，可以促进孩子的理解和语言发展，甚至影响孩子参与活动的心态。

那么，具体应该怎样和孩子交流呢？可以尝试以下几点：

· 在孩子遇到困难的时候给予建议。
· 验证应用的功能，讨论接下来的操作。
· 鼓励孩子操作，表达共鸣。

在使用 ScratchJr 的时候，也请和孩子这样交流。愉快的亲子时间关系到孩子对编程的积极情感，将来孩子一定会成为从事创造性活动的学习者。本书的编排可以让亲子一边自然而然地互动一边学习，请一起体验其中的乐趣吧。

不过，没有接触过编程的文科家长可能会认为 ScratchJr 和其他应用不一样，认为自己"实在没办法给孩子提建议"，但是，我认为更重要的是和孩子一起思考"应该这样做呢，还是那样做呢"，一起感受"成功了！"的解决问题的喜悦。西摩·佩珀特想通过 LOGO 传递给孩子的东西之一是"学习方法的学习"。遇到困难的时候才体现编程真正的乐趣！如果学会享受 Trial and Error（试错）的过程，那么不仅有助于编程，也有助于今后的学习。

当然，如果妈妈、爸爸自己也能使用 ScratchJr 愉快地创作就更好了！那份心情能够传递给孩子。

接下来，使用模板（参考下一页），亲手创作生日贺卡等作品吧。可能您本来觉得"实在是不会编程"，但是，如果为自己的孩子设计作品，您一定会产生想法，对编程着迷的！这是我们特别希望看到的。还有本来就擅长创作的爸爸，请创作出具有精彩创意的作品！孩子一定特别崇拜您！

21 世纪，孩子们越发被期望拥有使用数字工具的能力，希望 ScratchJr 中的趣味活动能够帮助孩子培养这些能力。

模 板

生日贺卡

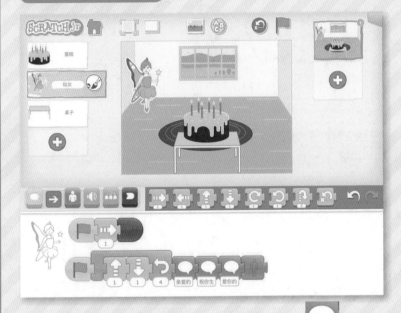

背景

角色

亲爱的……，祝你生日快乐！
爱你的妈妈

声音贺卡

给孩子，点击照片！

给孩子，
点击照片！

用绘图编辑器拍摄
照片创建角色。

给……，
欢迎回家。
冰箱里有点心。
记得吃哟！

113

ScratchJr 的运行环境和安装方法

ScratchJr 的 iPad 版本可免费使用。
从 iPad 正规安装的 "App Store" 应用里可以进行安装。

运行条件：iOS7.0 或更高版本的 iPad。

⭐ iOS 版本的确认方法

下面对 iOS 版本的确认方法进行说明。
打开"设置"应用，选择"通用"里的"关于本机"，即可看到"软件版本"。
数字为 7.0 及以上即可。

⭐ ScratchJr 的安装方法

打开 App Store，在界面上方的搜索框内输入 "ScratchJr" （大写或者小写都可以），进行搜索。
在搜索结果中选择 ScratchJr 并下载。

作者介绍

■桥爪香织

　CherryBit公司代表。日本电子专科学校兼职讲师。

　CoderDojoSaitama代表，在家乡埼玉市，为儿童提供学习编程的场所。曾在制造通信机器的龙头公司从事供通信公司使用的基础传输装置的硬件开发，VoIP、Web系统、Android相关的软件开发，然后开始创业。现在，除Android研修、Android应用委托开发之外，还从事教育课程等的开发，课程用于IT技术人才以及未来工程师的培养。主要著作（包括合著）有《图解Android平台开发入门》《Android应用工程师资格考试基础对策实践试题集》等。

■谷内正裕

　毕业于日本庆应义塾大学环境信息学部，完成该大学研究生院政策和媒体研究科博士后期课程。曾任该大学研究员，后进入倍乐生公司，推进在学习中应用数字技术的研究开发以及东京大学和美国麻省理工学院（MIT）之间的产学合作。目前在公司的美国硅谷办事处，致力于基于大学和初创企业的新创意，设计新的学习方法。

作者对家长说的话

桥爪香织

本书用于指导孩子们使用ScratchJr，ScratchJr是一款由美国麻省理工学院（MIT）媒体实验室面向孩子们开发的编程软件，孩子们可以通过这款编程软件来创作绘本和游戏等。

近年来，智能手机和平板计算机在家庭里基本普及，经常可以看到孩子们熟练地使用这些设备观看动画、玩游戏等，这一代孩子被称为"数字原住民"，而沉迷其中的孩子往往会长时间埋头于手机和平板计算机中。

本书介绍的ScratchJr可以改变这个趋势。ScratchJr可以在平板计算机上使用，可以用来创作自己感兴趣的作品（程序）并分享给他人，使他人开心，随之带来与他人的互动，这是一种创造性的体验。

本书面向学龄前和小学低年级孩子，家长和孩子可以一起阅读。像每晚给孩子读绘本那样，请和孩子处在同一视角，一起来阅读和体验这本书吧！书中设有"家长对孩子说的话"栏目，对于孩子创作的作品，请家长说一些鼓励的话，即使一句简单的"你很棒哟！"，孩子也会很开心的，为了使家长更开心，孩子一定会去挑战更多任务。

谷内正裕

开发ScratchJr的麻省理工学院（MIT）媒体实验室的研究团队认为，孩子在幼儿园里和小伙伴们聚在一起发挥想象力、发挥创造性，这种体验才能实现真正的学习。

本书介绍的ScratchJr可以使孩子获得这种体验，这款编程软件提供了家长和孩子可以共同参与的活动。不过，孩子开始自主创作作品的时候才是真正令人兴奋的。记得把孩子创作的作品展示给大家，然后询问孩子是怎样创作出这个作品的。这时，孩子会生动地向你讲述自己假设、逻辑思考、试错的情形，这些都会成为孩子创造性解决问题的基石。

学习能力就凝结在这些体验当中。接下来，和孩子一起在ScratchJr的世界里探索吧！

ScratchJr 玩得过瘾吗？

这本书里写了很多东西，
全都尝试过了吗？

除了书里写的玩法，
肯定还有很多玩法。

一定要尝试各种方法，
把脑海里想的东西做出来。

还有，可以自己一个人玩，
但是，最好给家人、好朋友还有身边的人看看！
大家一起玩耍，一起大笑吧！

玩自己创建的游戏，
原来是这么开心的事情。

桥爪香织